Fernand Papillon

La Chaleur et la vie dans les animaux

Biologie

 Le code de la propriété intellectuelle du 1er juillet 1992 interdit en effet expressément la photocopie à usage collectif sans autorisation des ayants droit. Or, cette pratique s'est généralisée dans les établissements d'enseignement supérieur, provoquant une baisse brutale des achats de livres et de revues, au point que la possibilité même pour les auteurs de créer des œuvres nouvelles et de les faire éditer correctement est aujourd'hui menacée. En application de la loi du 11 mars 1957, il est interdit de reproduire intégralement ou partiellement le présent ouvrage, sur quelque support que ce soit, sans autorisation de l'Éditeur ou du Centre Français d'Exploitation du Droit de Copie , 20, rue Grands Augustins, 75006 Paris.

ISBN : 978-1977996602

10 9 8 7 6 5 4 3 2 1

Fernand Papillon

La Chaleur et la vie dans les animaux

Biologie

Table de Matières

Introduction	6
Section I	6
Section II	17
Section III	20

Introduction

La question de la chaleur et de la vie n'a pu être résolue pleinement que par le concours simultané de la physique, de la chimie et de la biologie. L'ancienne physiologie traitait empiriquement de la chaleur animale, mais sans en pouvoir expliquer l'origine. Il a fallu pour cela les découvertes de Lavoisier et les investigations plus modernes de la thermochimie. Après avoir montré comment naît cette chaleur, il importait d'enseigner ce qu'elle devient ; c'est la thermodynamique qui nous l'a révélé. Enfin l'expérimentation physiologique la plus délicate a pu seule déterminer les modifications qui surviennent chez les êtres vivants, lorsqu'ils sont soumis à l'influence d'une température soit supérieure, soit inférieure à celle qu'ils possèdent normalement. La médecine et l'hygiène tirent déjà profit des indications fournies à ce sujet par la science pure. On a reconnu que l'étude des variations de la chaleur animale dans les maladies a une importance notable pour la connaissance de celles-ci, et que le diagnostic aussi bien que le pronostic en reçoivent des lumières inattendues.

L'examen des phénomènes calorifiques, entrepris à divers points de vue spéciaux, isolés et indépendants, pour la solution de questions tout d'abord sans connexité apparente, a procuré ainsi un ensemble de vérités qui aujourd'hui se combinent presque spontanément et se trouvent renfermer le secret d'un grand problème de philosophie naturelle. Une analyse minutieuse et longue aboutit de la sorte à une synthèse instructive qui est une des plus remarquables acquisitions de la méthode expérimentale,

Section I

Tous les animaux possèdent une température supérieure à celle du milieu gazeux ou liquide dans lequel ils vivent, c'est-à-dire qu'ils jouissent tous de la faculté d'engendrer de la chaleur. Les animaux à *sang chaud* présentent une température à peu près constante sous toutes les latitudes et dans tous les climats. Ainsi, aux régions polaires, l'homme, les mammifères et les oiseaux ne marquent guère que 1 ou 2 degrés de moins que sous le tropique. La température moyenne des oiseaux est de 41 degrés, et celle des mammifères de 37. Les animaux qu'on appelle *à sang froid* produisent aussi de la chaleur, quoique dans une proportion moindre ; mais leur température suit les variations de celle du milieu ambiant, tout en se maintenant plus élevée de quelques degrés. Chez les reptiles, l'excès est de 5 degrés au maximum et de 1/2 degré au minimum ; chez les poissons et chez les insectes, il est encore moindre ; enfin dans les espèces tout à fait inférieures, il atteint rarement 1/2 degré. En somme, chez les animaux à température variable, la résistance aux causes extérieures de refroidissement est d'autant plus grande que l'organisation est moins imparfaite. On observe d'ailleurs que, chez ces êtres, l'activité vitale et en particulier l'énergie de la respiration sont en rapport direct avec l'état thermométrique : ainsi, dans un milieu à 7 degrés, des lézards consomment huit fois moins d'oxygène qu'à 23. Chez les animaux à température fixe, c'est l'inverse : plus il fait froid, plus ils respirent activement ; par exemple, un homme qui en été ne consomme que 31 grammes d'oxygène par heure en consomme 44 en hiver. Indépendamment de l'état du milieu ambiant, beaucoup de circonstances diverses exercent une influence appréciable sur la chaleur animale, et y déterminent des variations assez régulières. « Les saisons, les heures de la journée, le sommeil, la digestion, le mode d'alimentation, l'âge, etc., sont ainsi des modificateurs constants de l'intensité des combustions respiratoires ; mais il y a un tel ordre, un tel concert et, on peut le dire, une telle prévoyance dans l'organisation de l'économie, que la température y reste en définitive à peu près fixe dans l'état physiologique.

La température de l'homme à la racine de la langue ou sous l'aisselle est d'environ 37 degrés ; ce chiffre exprime la moyenne de ceux qu'on obtient en prenant les températures des différents points du corps, car on trouve à cet égard quelques variations légères en passant d'un organe à un autre. La peau est la partie la plus froide, et elle l'est d'autant plus qu'on se rapproche des extrémités. Au contraire, à mesure qu'on pénètre plus profondément dans l'organisme, on voit la température s'élever ; les cavités sont bien plus chaudes que les surfaces. Le cerveau est moins chaud que les viscères du tronc, et le tissu cellulaire l'est moins que les muscles. Le sang non plus n'a pas la même température dans tous les points du corps. Les travaux de J. Davy et de Becquerel avaient établi que le sang est d'autant plus chaud qu'on l'examine plus près du cœur. M. Claude Bernard a pu mesurer, par des moyens aussi ingénieux que précis, la température des vaisseaux profonds et des cavités du cœur. Il a montré que le sang qui sort des reins est plus chaud que celui qui y entre ; il en est de même pour celui qui traverse le foie. Enfin il a constaté que le fluide nourricier se refroidit en traversant les poumons, et par suite que la température des cavités gauches du cœur est plus basse que celle des cavités droites de 0°,2 en moyenne. Ce dernier fait prouve clairement que les poumons ne sont pas le foyer de la chaleur animale, et que le sang, dans l'acte de sa revivification, se rafraîchit au lieu de s'échauffer.

Les anciens physiologistes avaient cru que la vie a le pouvoir d'engendrer de la chaleur ; ils avaient imaginé chez les êtres organisés une sorte de puissance calorifiante. Galien pensait que la chaleur est *innée* dans le cœur ; les iatrochimistes l'attribuaient aux fermentations, les iatromécaniciens aux frottements. Le temps a fait justice de ces hypothèses. Il est aujourd'hui démontré que la chaleur des animaux provient des réactions chimiques qui s'accomplissent à l'intérieur de l'économie. C'est à Lavoisier qu'on en doit les preuves expérimentales.[1] Dès 1777, il établissait que l'air, en passant par le poumon, éprouve une décomposition identique à celle qui a lieu dans la combustion du charbon. Or dans ce dernier phénomène il y a dégagement de calorique ; donc, dit Lavoisier, un dégagement pareil doit avoir lieu au sein du poumon dans l'intervalle de l'inspiration à l'expiration, et c'est ce calorique sans doute qui, se distribuant avec le sang dans toute l'économie animale, y entretient une chaleur constante. Il y a ainsi une relation permanente entre la chaleur de l'être vivant et la quantité d'air entré dans les poumons pour s'y convertir en acide carbonique. Tel est le premier fait capital mis en évidence par le créateur de la chimie moderne ; mais il ne s'en tint pas là. Il entreprit de rechercher si la chaleur théoriquement produite en un temps donné par la formation d'une certaine quantité d'acide carbonique, c'est-à-dire par la combustion d'une certaine quantité de charbon dans l'organisme, est exactement égale à la somme de

---

[1] Mayow et Black avaient affirmé avant lui, mais sans preuves précises, que la chaleur animale est due à une combustion.

chaleur développée par l'animal dans un temps correspondant. Cette somme fut estimée d'après le poids de glace fondue par l'animal placé dans un calorimètre. Lavoisier reconnut de la sorte qu'une telle égalité n'existe pas ; il ne s'en étonna pas longtemps, car il découvrit bientôt que, sur 100 parties d'oxygène atmosphérique absorbées, 81 seulement sont rejetées par la respiration sous forme d'acide carbonique. Il en conclut alors que le phénomène n'est pas simple, qu'une portion d'oxygène (9 sur 100) est employée à brûler de l'hydrogène pour former la vapeur d'eau contenue dans l'air expiré. La chaleur animale devait donc être attribuée à une double combustion, de carbone d'abord, puis d'hydrogène, et la respiration considérée comme rejetant au dehors de l'animal de l'acide carbonique et de la vapeur d'eau.

Les expériences de Lavoisier ont été reprises et modifiées, ses conclusions ont été discutées de bien des manières depuis bientôt cent ans. Plusieurs expérimentateurs en ont rectifié ou complété quelques points, mais la doctrine générale n'a pas été ébranlée par les difficultés secondaires et de nature fort délicate qu'on y a reconnues, et dont plusieurs arrêtent encore les physiologistes. Il est incontestable en effet que la plus grande partie des réactions qui s'opèrent dans l'économie en y produisant de la chaleur a pour résultat définitif la vapeur d'eau et l'acide carbonique exhalés par le poumon ; mais ces deux gaz ne peuvent provenir d'une combustion directe d'hydrogène et de carbone, puisque l'économie ne renferme pas de tels corps à l'état de liberté. Ils ne représentent en réalité que le terme d'une série de métamorphoses souvent distinctes des combustions proprement dites. D'autre part, ils ne sont pas les seuls résidus du travail chimique qui s'accomplit dans le fourneau vital. Outre l'eau et l'acide carbonique que les animaux rejettent dans l'expiration, et qui sont comme les fumées de l'élaboration nutritive, ils excrètent par d'autres voies certains principes qui en sont comme les scories. Or ces principes de désassimilation, parmi lesquels il faut citer l'urée, l'acide urique, la créatine, la cholestérine, etc., ne sauraient être le résultat de combustions pures, et ils témoignent que le torrent circulatoire est le siège de réactions extrêmement multiples dont nous commençons seulement à entrevoir les lois.

Les progrès les plus récents de la chimie organique permettent en effet de suivre l'enchaînement des transformations graduelles des matières nutritives dans le cycle des opérations vitales. Tout d'abord il convient de préciser le siège de ces phénomènes. Ils s'accomplissent dans tous les points de l'économie parcourus par les vaisseaux capillaires, Les glandes, les muscles, les viscères, bref tous les organes, sont constamment brûlés ; ils reçoivent à chaque instant de l'oxygène qui détermine au plus profond de la substance des métamorphoses de nature variée. En un mot, chaque organe respire en tous ses points à la fois et respire à sa façon. C'est à tort que certains physiologistes prétendent encore aujourd'hui localiser le phénomène respiratoire dans les vaisseaux capillaires. Ceux-ci ne sont que les canaux vecteurs de l'oxygène qui, par exosmose, en traverse les fines parois, et opère alors, au contact immédiat des plus petites particules de la masse organisée, l'acte chimique qui entretient le feu de la vie. Il est aisé de le constater en plaçant un tissu quelconque récemment détaché du corps dans un milieu oxygéné. On observe en ce cas un dégagement d'acide carbonique, ainsi qu'un développement de chaleur, et cette possibilité de la respiration en dehors de l'économie prouve bien qu'un tel acte peut être rigoureusement assimilé, comme le voulait Lavoisier, à la combustion d'un corps quelconque. Il n'y a de différence que sous le rapport de l'intensité. Tandis qu'une bougie ou qu'un morceau de bois brûle rapidement et avec flamme, les matériaux combustibles de la pulpe organique se combinent à l'oxygène d'une façon plus discrète et plus lente, moins tumultueuse et moins franche.

Le sang, qui sans cesse passe et repasse dans les vaisseaux les plus ténus de notre corps et se sature d'oxygène chaque fois que notre poitrine se soulève, le sang se compose de matériaux très divers. Il contient des sels minéraux tels que chlorures, sulfates, phosphates de potasse, de soude, de chaux, de magnésie, des matières colorantes, des corps gras, des substances neutres du genre de l'amidon, enfin des produits azotés comme l'albumine et la fibrine. Les sels éprouvent peu de modifications dans le torrent circulatoire ; ils sont éliminés par les principaux émonctoires. Les substances neutres du genre de l'amidon sont converties en glycogène et en graisse. Les corps gras ne subissent dans le sang que des oxydations qui engendrent plusieurs dérivés du même ordre. Enfin les produits azotés se convertissent en fibrine, en musculine, en osséine, en pepsine, en pancréatine, tous composés peu différents. C'est la première partie du travail chimique qui s'accomplit dans la principale humeur de notre corps. Tous ces matériaux, élaborés aux différents points du torrent circulatoire et destinés à l'assimilation, sont détruits dans les organes mêmes où ils avaient été fixés. Le glycogène est transformé en sucre, lequel est brûlé avec formation d'eau et d'acide carbonique ; les acides gras sont en partie éliminés par la peau, en partie brûlés. Quant aux matières plastiques qui forment la trame des tissus, on connaît à peine la relation chimique qui les rattache à leurs produits de destruction, l'urée, la créatine, la cholestérine, l'acide urique, la xanthine. Tel est le tableau sommaire des principaux phénomènes chimiques qui, s'accomplissant dans l'ensemble de l'économie, provoquent partout un dégagement de chaleur plus ou moins intense. Il n'y a donc pas d'organe central pour la production du feu vital, chaque élément an atomique y participe, et, s'il existe une température à peu près uniforme dans tout le corps, c'est que le sang distribue avec régularité la chaleur dans les différentes parties qu'il baigne.

Comment établir maintenant la quantité de chaleur à laquelle ces réactions peuvent donner naissance ? Lavoisier y arrivait d'une façon très simple. Après avoir comparé l'oxygène absorbé par l'animal avec l'aride carbonique et la vapeur d'eau éliminée, il déduisait le poids du carbone et de l'hydrogène brûlés en supposant que la formation d'acide carbonique et celle de l'eau produisent dans l'économie la même somme de chaleur que si elles avaient lieu au moyen de carbone et d'hydrogène libres. Voici à peu près le résultat qu'il obtenait : un homme de 60 kil. brûle en vingt-quatre heures, à la température moyenne de Paris, 313 grammes de carbone et 22 grammes d'hydrogène, et développe ainsi 3,297 calories. En même temps, il perd par le poumon et la peau 1,243 grammes de vapeur d'eau, qui lui enlèvent 697 calories. Restent donc à peu près 2,600 calories disponibles. D'autres évaluations analogues ont été faites, et les physiologistes en ont tiré cette conséquence, qu'un homme de poids moyen produit dans nos climats 3,250 calories pal-jour, c'est-à-dire la quantité de chaleur nécessaire pour porter à l'ébullition 32 litres 1/2 d'eau. Ces chiffres, quoique approximatifs, donnent une idée suffisamment nette de la puissance thermogène de l'économie animale.

La question a pu être reprise avec plus de précision dans ces dernières années, grâce aux données d'une science nouvelle qu'on nomme la *thermochimie*, et qui s'occupe des phénomènes chimiques dans leurs rapports avec la chaleur. La thermochimie, au moyen d'appareils calorimétriques très sensibles, détermine le nombre des calories qui sont dégagées ou absorbées dans les combinaisons, en partant des expériences classiques de MM. Favre et Silbermann. M. Berthelot, qui a fait de ce sujet une étude approfondie, ramène les sources de la chaleur animale à cinq espèces de métamorphoses ; ce sont d'abord les effets qui résultent de la fixation de l'oxygène sur divers principes organiques, puis la production d'acide carbonique par oxydation, ensuite la production d'eau, en quatrième lieu la formation d'acide carbonique par dédoublement, enfin les hydratations et les déshydratations. Le savant chimiste a essayé de montrer comment les nombres obtenus dans l'étude des chaleurs de combustion des divers acides organiques, alcools, etc., peuvent être appliqués aux composés brûlés dans l'organisme animal ; mais, tout en admettant la réalité théorique des analogies qu'il établit, on ne peut s'empêcher de remarquer que la vérification pratique en est bien difficile et bien délicate. Le moyen de mesurer dans un point de l'économie la chaleur produite par une réaction fugitive au sein profond d'un tissu qu'il faudrait lacérer pour l'explorer ?

Si de ce côté la thermochimie ne paraît pas devoir éclairer beaucoup la physiologie, elle lui révèle d'autre part des sources de chaleur restées inaperçues jusqu'ici. M. Berthelot fait voir que l'acide carbonique de l'économie ne se forme pas toujours par oxydation du carbone, et provient quelquefois d'un dédoublement qui absorbe de la chaleur. On sait que les substances alimentaires se ramènent à trois types fondamentaux, les graisses, les hydrates de charbon (sucres, fécules, amidon) et les albuminoïdes. Or les graisses, en se dédoublant et se combinant à l'eau, comme il arrive sous l'influence du suc pancréatique, donnent de la chaleur ; il en est de même pour les hydrates de charbon, indépendamment de toute oxydation. Enfin les matières albumineuses provoquent aussi des phénomènes calorifiques très nets lors de leur combinaison avec l'eau, suivie de déboulements divers. Ces faits, signalés par M. Berthelot, doivent intervenir dans le calcul exact et détaillé, peut-être encore prématuré aujourd'hui, de la chaleur des animaux. Quoi qu'il en soit, celle-ci a pour origine l'ensemble des métamorphoses chimiques qui s'accomplissent d'une manière incessante dans les profondeurs de leurs organes, métamorphoses déterminant la rénovation continue de toute la substance organisée, c'est-à-dire la nutrition ; mais pourquoi cette nutrition, pourquoi cette production perpétuelle de chaleur dans la machine vivante ?

Il est possible aujourd'hui de résoudre ce problème, qui enferme le secret d'une des plus belles ordonnances de la nature. La chaleur produite par les animaux est la source de tous leurs mouvements ; en d'autres termes, le travail mécanique qu'ils effectuent est une transformation pure et simple de l'activité thermique qu'ils développent. Ils ne créent pas la force motrice par quelque opération spontanée qui serait une des prérogatives de la vie, ils la tirent de l'énergie calorifique emmagasinée dans les organes que parcourt le fluide sanguin. Il y a de plus un rapport réglé entre la quantité de chaleur qui disparaît et le travail mécanique qui apparaît. Remarquons cependant que, si tout mouvement est chez les êtres vivants une transformation de la chaleur animale, celle-ci ne se transforme pas tout entière en mouvement. Elle se dissipe en partie par la transpiration cutanée, par le contact et surtout par le rayonnement ; elle est employée à maintenir à un degré constant la température de l'animal, soumis à des causes nombreuses de refroidissement. Le travail mécanique exécuté par l'animal est très complexe. Indépendamment des mouvements musculaires visibles, il y a tous les déplacements des organes intérieurs, la translation continuelle du sang, les contractions et dilatations d'un grand nombre de parties. Or ces actions ne sont possibles qu'autant que les phénomènes respiratoires s'accomplissent dans la région active. Empêchons le sang artériel d'arriver dans un muscle, c'est-à-dire les combustions de s'y opérer et par suite la chaleur de s'y produire, et, bien que la structure de cet organe n'en souffre aucune atteinte, il perd le pouvoir de se contracter. Comprimons seulement l'artère nourricière de ce muscle de façon à y ralentir le flux sanguin, et l'organe se refroidira en perdant de sa force. Les travaux de M. Hirn et de M. Béclard ont établi nettement les rapports entre la chaleur et le mouvement musculaire. Des expériences plus récentes de M. Onimus ont fixé, avec non moins de précision, la thermodynamique des mouvements circulatoires.[1]

Nous avons dit que le pouvoir thermogène des aliments sera d'autant plus considérable que ceux-ci renfermeront une plus grande quantité d'éléments exigeant pour être brûlés une forte proportion d'oxygène. C'est pour cela que la viande et les graisses réparent bien plus vite les pertes de l'économie que les matières végétales. Ces dernières conviennent aux habitants des pays chauds qui n'ont pas besoin de produire de chaleur, puisque l'atmosphère leur en fournit suffisamment. Les habitants des régions froides, dont au contraire la calorification doit être aussi constante qu'énergique, sont poussés instinctivement à l'usage des viandes et des graisses, dont la combustion donne beaucoup de chaleur. C'est une nécessité physiologique pour les Lapons, par exemple, de se nourrir de l'huile des cétacés, comme c'en est une aussi pour les hommes des tropiques de ne consommer que des aliments très légers. L'activité des combustions respiratoires et la nature de l'alimentation changent ainsi avec les climats, de façon qu'il y ait toujours une certaine proportionnalité entre l'état thermique du milieu ambiant et celui du foyer animal. Semblablement, dans un même climat, les individus qui font une grande dépense de travail mécanique doivent manger plus que ceux qui effectuent peu de mouvement. Ce fait, d'observation très ancienne, reçoit aujourd'hui la démonstration la plus nette et la plus claire. Cependant on n'en tient peut-être pas encore assez de compte dans l'économie de l'alimentation publique. Des exemples nombreux établissent quel profit il y aurait pour l'industrie à augmenter par tous les moyens possibles la quantité de viande dans les repas de l'ouvrier. Dernièrement encore, dans un établissement industriel du Tarn, M. Talabot vient d'améliorer l'état sanitaire et la vigueur de ses ouvriers en leur donnant beaucoup de viande. Sous l'influence d'une nourriture presque exclusivement végétale, chaque ouvrier perdait en moyenne quinze journées de travail par an, par suite de fatigue ou de maladie. Du moment où l'usage de la viande fut adopté, la perte moyenne par tête et par an ne fut plus que de trois journées. Assez souvent, il faut en convenir, l'alcool n'est pour l'ouvrier qu'un moyen de remédier à l'insuffisance des aliments

---

[1] Voir son livre intitulé *De la théorie mécanique de la chaleur dans ses rapports avec les phénomènes de la vie*, 1867.

Fernand Papillon

thermogènes, moyen illusoire qui relève momentanément l'économie pour la miner ensuite avec une redoutable subtilité. Un des meilleurs remèdes contre l'alcoolisme serait certainement la diminution du prix de la viande.

Au point de vue des rapports de la chaleur et du mouvement, l'être vivant peut donc être assimilé à un moteur inanimé, comme une machine à vapeur. Dans les deux cas, la chaleur est engendrée par des combustions et transformée en travail mécanique par un système d'organes plus ou moins compliqués. Dans les deux cas, elle est d'abord à l'état de tension et fournit du mouvement au fur et à mesure qu'elle est requise pour l'exécution d'un travail quelconque. Seulement l'être vivant est un appareil bien plus parfait. Tandis que les machines à vapeur les mieux construites n'utilisent que les *douze centièmes* de la force disponible, le système musculaire de l'homme a, d'après M. Hirn, un rendement de *dix-huit centièmes*. D'autre part, le moteur animé a cela de particulier que les. sources de chaleur et les mécanismes y sont intimement confondus, que la chaleur y est produite d'une manière en quelque sorte diffuse par des organes en mouvement, et que celui-ci s'y transforme à son tour en chaleur : complexité incroyable dont la science contemporaine n'a pu démêler les lois simples qu'au prix des efforts et des ressources réunies de la physique, de la chimie et de la biologie.

D'après certains physiologistes, la chaleur ne serait pas seulement dans l'économie la source du mouvement, elle s'y transformerait aussi en activité nerveuse. Le fonctionnement du cerveau serait un *travail* tout pareil à celui du biceps. L'esprit lui-même devrait être considéré comme engendré par la chaleur. Des expériences récentes de M. Valentin, de M. Lombard, de M. Byasson, et surtout de M. Schiff, sembleraient établir, croit-on, qu'il y a un rapport proportionnel et suivi entre l'énergie des fonctions nerveuses et la température des parties où elles s'accomplissent. M. Gavarret n'hésite pas à conclure de ses recherches que les relations du système nerveux et du système musculaire avec la chaleur sont les mêmes. Seulement, dans le cas des muscles, la force produite se manifeste à l'extérieur par des phénomènes visibles, tandis que dans celui des nerfs elle s'épuise à l'intérieur, en actes moléculaires et profonds, se dérobant à toute mesure précise. Une somme donnée de chaleur développée dans l'économie aurait ainsi, d'une part, un équivalent mécanique, et de l'autre un équivalent psychologique. M. Gavarret, qui est un savant circonspect et fidèle à la méthode expérimentale, ne va pas sans doute jusqu'à prétendre que le sentiment et la pensée peuvent être évalués en calories ; il déclare même qu'il n'y a point de commune mesure entre l'intelligence et la chaleur ; mais il ne manque pas de physiologistes moins timides, qui ramènent toute sorte de manifestation vitale aux formules rigides de la thermodynamique. Quelques remarques succinctes feront peut-être voir que ces physiologistes se méprennent.

L'assimilation du système nerveux et du système musculaire, au point de vue de leur solidarité avec la chaleur, est aventureuse pour beaucoup de raisons. Il y a entre le nerf et le muscle cette énorme différence, que le premier est doué d'une spontanéité refusée au second. La libre musculaire ne se contracte jamais de soi-même ; il y faut une excitation, son énergie est empruntée. La cellule nerveuse au contraire a en soi une vertu d'agir toujours présente, jamais épuisée, dont l'énergie lui appartient en propre. Toutes deux évidemment puisent dans les mêmes milieux externes et internes le principe de l'activité qui les distingue ; mais, tandis que le muscle, organe mécanique, se borne à métamorphoser docilement en une quantité géométrique de travail la force qui lui est octroyée sous forme de chaleur, le nerf, organe vital, reste impénétrable, inaccessible à nos calculs, et exerce à sa guise, dans une série d'opérations indépendantes de la dynamométrie et de la thermométrie, ses pouvoirs caractéristiques et quasi souverains. Du côté du système musculaire, tout est mesurable ; du côté du système nerveux, rien ne l'est. Impressions, sensations, affections, pensées, désirs, douleurs et plaisirs, tout cela compose un monde soustrait aux conditions du déterminisme ordinaire. Cette force supérieure qui, commandant à toutes les plus hautes activités de l'animal, décide, suspend, interrompt, rétablit et règle la transformation elle-même de la chaleur en mouvement, qui, s'affirmant indépendante au dedans de nous-mêmes, et de quelque antique nom qu'on l'appelle, âme, volonté ou liberté, reste la plus indéniable, quoique la plus mystérieuse certitude de notre conscience, cette force proteste contre la réduction de la vie cérébrale au mécanisme. Telle est du reste aussi la conviction de M.

Claude Bernard et de M. Helmholtz.

Section II

Indépendamment des variations normales et insignifiantes que la chaleur peut présenter dans une même espèce et de celles qu'elle manifeste lorsqu'on passe d'un groupe zoologique à un autre, il y a lieu de considérer les changements qu'elle subit chez un même individu sous l'influence des perturbations diverses de l'économie. Si elle reste à peu près insensible aux modifications de la température ambiante, il n'en est pas de même lorsqu'on touche à l'intégrité de l'équilibre des organes. Le concert des diverses parties de l'organisme et des fonctions qu'elles accomplissent est si grand que le moindre trouble s'y répercute et porte partout le désordre. Le système nerveux, chargé de maintenir la communication harmonique de tous les points de l'animal, a le premier connaissance de l'accident survenu, et en transmet de tous côtés l'impression anormale. Il n'est pas le générateur de la chaleur animale, mais il en est le régulateur, c'est-à-dire qu'il en dirige et en surveille en quelque sorte la production et la distribution au gré des besoins variables de l'économie. Toute lésion ou affection de ce système a un contre-coup sur les actes physiologiques, et principalement sur la calorification. En coupant sur un lapin le filet cervical du grand sympathique d'un seul côté, M. Claude Bernard a provoqué de ce côté une élévation de température de plusieurs degrés. Là où sous une influence quelconque l'action du système nerveux est suspendue, le sang afflue, apportant avec lui une plus grande quantité d'énergie thermique. Là où l'inverse a lieu, les vaisseaux se resserrent, et la température s'abaisse.

L'alimentation insuffisante et l'abstinence agissent sur la chaleur animale, mais non d'une manière immédiate. L'organisme se maintient à son degré normal de température jusqu'à ce qu'il ait épuisé sa réserve de matériaux combustibles. Alors il se refroidit peu à peu jusqu'à un degré très inférieur. Ainsi un lapin soumis à l'inanition par M. Chossat possédait le premier jour 38°,4, deux jours avant sa mort 38°,1, la veille 37°,5, et au moment de sa mort 27 degrés. En l'introduisant, à l'instant où il va succomber, dans un milieu chaud, on lui restitue pour quelque temps l'activité apparente de ses fonctions ; toutefois ce réveil est de courte durée : les éléments anatomiques ont perdu définitivement tout ressort.

La main d'un malade qui souffre d'une fluxion de poitrine ou qui est atteint d'un accès de fièvre est brûlante ; celle d'un individu affecté d'asthme grave ou d'emphysème paraît froide comme le marbre. C'est que la chaleur animale varie considérablement dans les divers états pathologiques. Tantôt elle s'y élève, tantôt elle s'y abaisse, presque jamais l'influence morbide n'est compatible avec le degré de la température normale du corps. Au temps d'Hippocrate, à l'époque où l'on ne pratiquait pas encore l'exploration du pouls, l'élévation de la température constituait l'unique élément de la maladie la plus vulgaire, la fièvre. Galien la définit tout simplement une chaleur extraordinaire (*calor præternaturalis substantia febrium*). Les anciens ne se trompaient pas. Il a été reconnu et démontré de nos jours que l'exaltation de la chaleur animale est bien le caractère spécifique de l'état fébrile. D'une part, il n'y a jamais de fièvre quand la température reste au degré normal, de l'autre la fréquence du pouls peut atteindre les dernières limites sans qu'il y ait mouvement fébrile, ainsi que cela se voit dans l'hystérie. Toutes les fois que la chaleur du corps dépasse 38 degrés, on peut affirmer qu'il y a fièvre, et, sitôt qu'elle descend au-dessous de 36 degrés, il y a ce qu'on appelle de l'algidité. Ainsi dans l'étroite limite de 2 degrés à peine se meut la chaleur normale. En dehors de ces limites, c'est-à-dire au-dessus de 38 degrés et au-dessous de 36 degrés, la température est l'indice d'un trouble morbide. Dans la fièvre ordinaire intermittente, elle s'élève deux ou trois heures avant le frisson, atteint un maximum quand celui-ci se termine, puis décroît. Les inflammations aiguës et franches, telles que pneumonies, pleurésies, bronchites, érysipèles, etc., sont caractérisées par une période de trente-six heures ou deux jours environ, pendant laquelle la chaleur monte peu à peu à 41 degrés. Vers le troisième jour, cette chaleur tombe, quitte à reparaître par exacerbations de 1/2 à 1 degré pendant trois ou sept jours, au bout desquels la maladie est à son terme. Quand la température augmente graduellement après le troisième jour, il faut s'attendre à une issue fatale. La chaleur persistante est ici le signe précurseur de la mort. Les fièvres éruptives, comme la variole, la scarlatine, la rougeole, présentent des phénomènes thermiques très importants. La chaleur y commence avec l'invasion du mal, et augmente jusqu'à l'éruption cutanée. Elle se maintient à un maximum (qui atteint 42 degrés 1/2 dans la scarlatine) jusqu'à ce que l'éruption soit complète, puis elle entre en défervescence, variable avec les phases de l'éruption, qui finit soit par une desquamation (scarlatine), soit par une suppuration (variole). Enfin la température s'élève aussi dans plusieurs affections chirurgicales déterminant un état plus ou moins phlegmasique et fébril. C'est ce qu'on observe dans les plaies, et en général dans toute sorte de traumatisme, dans le tétanos, dans les anévrysmes, etc. Dans les cas de hernies étranglées et de brûlures et dans la plupart des empoisonnements, elle diminue au contraire d'une façon notable.

Évidemment cette exaltation et cet abaissement de la chaleur animale dans les maladies ne peuvent être attribués qu'à un état correspondant survenu dans l'énergie des combustions respiratoires, On ne sait pas encore au juste la cause de ces variations, c'est-à-dire par quel mécanisme les influences morbides accélèrent ou ralentissent l'activité de la calorification. Quelques médecins y voient l'effet d'une fermentation que provoqueraient dans le sang certains êtres microscopiques tels que bactéries et vibrions, qu'il est peut-être permis de supposer dans la plupart des maladies fébriles. D'autres prétendent que, dans les phlegmasies locales, c'est l'organe enflammé qui communique la chaleur au corps entier, comme un calorifère à un espace clos. Le trouble semblerait à d'autres plutôt d'origine nerveuse, puisque les nerfs, comme nous l'avons vu, sont les régulateurs de l'action thermique.

Le seul moyen exact d'apprécier la température dans les maladies est l'emploi du thermomètre. Swammerdam le premier, au milieu du XVIIe siècle, semble en avoir eu l'idée. De Haën et Hunter au siècle dernier en usèrent dans leur pratique médicale, mais la thermométrie clinique n'a réellement pris d'importance que de nos jours, grâce aux travaux de MM. Bouillaud, Gavarret, Roger, Hirtz et Charcot en France, Bærensprung, Traube et surtout Wunderlich en Allemagne. Ces médecins ne se sont pas bornés à constater que la température s'élève de plusieurs degrés dans les maladies ; ils ont suivi les variations thermiques jour par jour, heure par heure, dans les diverses phases des évolutions pathologiques. Ils ont découvert que les courbes de ces oscillations fournissent pour chaque maladie, des types constants, qui se modifient d'une manière déterminée suivant que la maladie a été abandonnée à elle-même ou traitée par tel ou tel agent médicamenteux. On peut donc, en étudiant ces courbes thermopathologiques, suivre la marche des maladies et y trouver de précieuses indications pour le diagnostic ou le pronostic. Dans l'hémorrhagie cérébrale par exemple, la température descend brusquement à 36 et même à 35 degrés, tandis que dans l'attaque apoplectiforme elle reste à 38 degrés à peu près. Ces deux maladies, bien distinctes au point de vue du traitement et de la guérison, donnent néanmoins lieu souvent à une confusion que le thermomètre, permettra désormais d'éviter. La méningite granuleuse se distingue par le même moyen de la méningite simple ; dans la première, il n'y a aucune élévation de la température malgré la rapidité extrême du pouls, dans la seconde au contraire le thermomètre accuse 40 ou 41 degrés.

En tout cas, on voit quel profit la médecine pratique peut tirer des sciences physiques, quelle précision et quelle sûreté elle reçoit de l'application des instruments à la mesure des symptômes morbides. Ajoutons que là est en partie l'avenir du diagnostic. En bannissant de l'exploration médicale le jugement parfois incertain des sens, en substituant autant que possible aux déterminations individuelles et arbitraires, ainsi qu'au sentiment toujours plus ou moins confus du médecin, les indications nettes et impassibles d'un instrument exact, on supprime les causes qui s'opposent à l'interprétation méthodique du mal lui-même. Ces instruments d'ailleurs révèlent souvent des particularités qui échappent à L'observation directe. Ils réparent les oublis, rectifient les erreurs, dirigent l'activité, multiplient le pouvoir de nos sens imparfaits. A ce point de vue, l'appréciation thermométrique des variations de la chaleur animale dans les maladies, la thermométrie clinique, comme on dit, est un des progrès les plus incontestables de la médecine.

Section III

Après avoir vu comment la chaleur interne est produite chez les animaux, comment elle s'y dépense et s'y transforme en travail mécanique, enfin quelles variations spontanées ou provoquées elle y peut subir, nous devons examiner l'influence de la chaleur externe sur ces mêmes animaux et les phénomènes divers qui résultent de l'élévation ou de l'abaissement de la température du milieu dans lequel ils vivent. Des travaux tout récents ont éclairci ces questions. Boerhaave avait fait quelques expériences à ce sujet, mais sans rigueur suffisante. Berger et Delaroche, au commencement de ce siècle, en entreprirent de nouvelles qui eurent du retentissement dans les écoles de physiologie. Ils placèrent des animaux dans des étuves contenant de l'air chauffé à divers degrés de température, et observèrent les effets que les influences thermiques exercent sur la vie. La conclusion de leurs recherches fut que tous les animaux ont la faculté de résister à la chaleur pendant un certain temps, et que la durée de cette résistance varie avec les espèces. Les petits animaux succombent après un espace de temps assez court à une température de 45 à 50 degrés. Les gros supportent mieux la chaleur. Les animaux à sang froid et les larves d'insectes résistent avec plus d'énergie que les animaux à sang chaud ; l'inverse a lieu pour les insectes à l'état parfait.

Delaroche et Berger étudièrent aussi l'homme à ce point de vue, et reconnurent que l'effet. produit varie avec les individus. Ainsi, de 49 à 58 degrés, l'étuve devint insupportable pour Delaroche lui-même, qui en tomba malade ; Berger en fut à peine fatigué. D'autre part, Berger ne put rester que sept minutes dans un milieu chauffé à 87 degrés, tandis que Blagden y était resté douze minutes. Dans les régions tropicales, la température s'élève fréquemment, pendant le jour, au-dessus de 40 degrés sans inconvénient pour les indigènes. Au cap de Bonne-Espérance, le thermomètre marque 43 degrés. Quelquefois cependant une pareille chaleur est meurtrière. On rapporte entre autres cas qu'au mois de juin 1738, dans les rues de Charlestown, plusieurs personnes moururent sous l'influence de 41 degrés. On a vu souvent, en Afrique, nos soldats parcourant une longue route, sous les rayons. d'un soleil ardent, être pris de délire et succomber, mais ici l'influence de la lumière s'est jointe à celle de la chaleur. Duhamel cite l'histoire de plusieurs servantes d'un boulanger qui pouvaient, sans en être incommodées, séjourner pendant près de dix minutes dans un four chauffé au degré nécessaire pour la cuisson du pain. L'expérience a été répétée depuis. Il n'y a rien de contradictoire dans ces faits. L'animal peut supporter quelque temps une température très supérieure à la sienne, parce que la transpiration fort énergique qui a lieu alors s'oppose à réchauffement de ses organes ; néanmoins, comme nous l'allons voir, sitôt que sa chaleur interne s'élève réellement de quelques degrés au-dessus du chiffre normal, la vie n'est plus possible.

L'étude de ces phénomènes n'avait guère été poussée plus loin, quand en 1842 M. Claude Bernard y consacra des recherches qu'il a reprises et complétées l'année dernière, et dont il vient de publier les résultats. Ce physiologiste s'est servi d'une caisse de sapin divisée en deux parties par un treillage sur lequel on place l'animal soumis à l'expérience. La caisse repose sur une plaque de fonte, et le tout est disposé sur un fourneau qui échauffe plus ou moins l'air de l'appareil. Une fenêtre placée latéralement dans celui-ci permet de fixer à volonté la tête de l'animal hors de la caisse. En examinant les animaux soumis dans ces conditions à l'influence de l'air plus ou moins chaud, M. C. Bernard a vérifié les premières observations de Berger et Delaroche, et en a fait de nouvelles plus importantes. Boerhaave avait attribué la mort à l'application de l'air chaud sur le poumon, qui empêcherait le rafraîchissement du sang. M. Bernard a montré par des expériences que l'air chaud agissant sur la peau produit une élévation de température plus promptement mortelle que lorsque ce fluide est seulement introduit dans l'appareil pulmonaire. Il a constaté aussi que, lorsque l'air chaud est humide, les phénomènes affectent une marche plus rapide, et la mort survient beaucoup plus vite et à une température plus basse que dans l'air sec. Cette différence résulterait de ce que l'humidité favorise réchauffement.

Lorsqu'un animal est soumis aux effets toxiques de la chaleur, il présente une série de phénomènes constants et caractéristiques. Il est d'abord un peu agité, puis haletant, ses mouvements respiratoires et circulatoires s'accélèrent, il s'échauffe peu à peu par la circulation qui, en charriant incessamment le sang de la périphérie au centre, y transporte aussi la chaleur, puis à un moment donné il tombe en convulsions, les battements de son cœur s'arrêtent, et il s'éteint en poussant un cri. On observe, au moyen du thermomètre, que la température du corps de l'animal est, dans tous les cas, supérieure de 4 ou 5 degrés au chiffre qui représente la température normale. Ainsi au début l'animal est excité, ses fonctions semblent s'accomplir avec une vigueur nouvelle, à peu près comme aux premiers rayons du soleil d'avril les pulsations de la vie deviennent plus rapides chez tous les êtres ; mais cette excitation n'est que passagère, et bientôt, parvenue à un certain degré, cette chaleur fait place au froid de la mort. M. Bernard a examiné avec soin les animaux qui succombaient dans ces conditions, et le premier phénomène qui l'a frappé, c'est la promptitude avec laquelle survient la rigidité cadavérique. Le cœur est devenu soudain insensible à toute excitation ; des taches ecchymotiques existent en plusieurs endroits de la peau. La chaleur a figé, coagulé la matière molle qui constitue les fibres musculaires. Celles-ci ont été comme foudroyées. D'autre part, le sang artériel de l'animal a noirci, s'est appauvri en oxygène, s'est chargé d'acide carbonique et a pris l'aspect du sang veineux. Cependant dans cet état le sang n'a pas perdu ses propriétés physiologiques, et, sous l'influence d'une nouvelle quantité d'oxygène, il peut recouvrer son état normal et redevenir rutilant. La chaleur, pourvu que le degré n'en soit pas trop élevé, ne fait qu'activer la combustion sanguine sans altérer le sang. Le système nerveux ne paraît pas non plus souffrir beaucoup. L'élément le plus profondément atteint, c'est le muscle ; *la chaleur est un poison du système musculaire,* comme le sulfocyanure de potassium et l'upasantiar. C'est la perte des propriétés vitales de ce système qui, en déterminant la rigidité des muscles, puis l'arrêt de la circulation et par suite de la respiration, est une cause fatale de mort. Cette destruction de la fibre musculaire contractile se fait vers 37 ou 39 degrés chez les animaux à sang froid, vers 43 ou 44 degrés chez les mammifères, vers 46 ou 48 degrés chez les oiseaux, c'est-à-dire en général à une température de 5 ou 6 degrés plus élevée que la température fixe de l'animal. M. Bernard fait remarquer que, dans aucun cas, il n'est permis d'admettre que la vie oppose une sorte de résistance à réchauffement ; au contraire le mouvement vital tend à l'accélérer, et cela se conçoit. La chaleur interne produite par l'animal se joint à la chaleur acquise, et le renouvellement du sang, qui est la condition de réchauffement, se fait alors avec beaucoup plus d'activité. Ajoutons que tout récemment M. Demarquay appliquait de la façon la plus heureuse, et sans s'en douter, cette action toxique de la chaleur sur les muscles. Il a guéri des malades affectés de ces affreuses contractures musculaires qui caractérisent le *tétanos* en les soumettant à l'influence du calorique, en leur faisant prendre des bains d'air très chaud. L'élévation de la température des muscles tétanisés a suffi pour modifier ceux-ci et les ramener à l'état sain. Ici le poison est devenu remède.

Tels sont les effets de l'élévation de la température sur les animaux. Voyons maintenant ce que ceux-ci deviennent lorsqu'on les plonge dans des milieux froids. On connaissait depuis longtemps des faits curieux concernant la congélation de certains d'entre eux. Pendant son voyage en Islande (1828 et 1829), M. Gaimard, ayant exposé en plein air une boîte remplie de terre au milieu de laquelle se trouvaient des crapauds, ouvrit celle-ci au bout d'un certain temps, et les reptiles, devenus durs et cassants, étaient congelés ; cependant on put les rappeler à la vie en les mettant dans de l'eau tiède. Beaucoup d'anciens auteurs citent des cas analogues, et on conçoit jusqu'à un certain point qu'un grand physiologiste anglais ait pu, un instant, en tirer la singulière conclusion que voici. John Hunter s'imagina qu'il serait possible de prolonger la vie indéfiniment en plaçant un homme dans un climat très froid et en l'y soumettant à une congélation périodique. Cet homme, se disait-il, vivrait peut-être un millier d'années, si au bout de dix ans on le gelait pour cent ans, quitte à le dégeler au bout de cette période pour dix nouvelles années, et ainsi de suite. « Comme tous les faiseurs de projets, ajoute Hunter, je m'attendais à faire fortune avec celui-là, mais une expérience me désillusionna complètement. » Ayant mis des carpes dans un mélange réfrigérant, il reconnut en effet que, lorsqu'elles sont entièrement congelées, elles sont mortes sans retour. Il en est de même pour tous les autres animaux, ainsi que l'ont établi des expériences récentes et fort remarquables de M. F.-A. Pouchet.

L'influence du froid sur les êtres organisés varie selon que l'on considère les animaux supérieurs ou les espèces inférieures. En général, on peut dire qu'il faut une température ambiante très basse pour refroidir beaucoup les animaux, attendu que la chaleur vitale qu'ils développent s'y oppose énergiquement. Cependant les mammifères des régions arctiques, malgré l'épaisse fourrure qui les protège, ne bravent la température du pôle (parfois égale à 40 degrés au-dessous de zéro, point de congélation du mercure) qu'en vivant sous la neige où ils se font une demeure. Les Esquimaux y creusent aussi les huttes où ils écoulent leurs tristes jours. Quand l'organisme ne peut ni réagir ni se prémunir contre des températures aussi basses, la mort arrive rapidement par congélation. Le corps est saisi, et se maintient désormais dans un état d'incorruptibilité remarquable. Tout le monde connaît l'histoire des mammouths antédiluviens retrouvés dans les glaces du pôle, où ils étaient enfouis, aussi frais que des animaux morts récemment. Tandis que la chaleur détruit les tissus, le froid les conserve.

Par quel mécanisme le froid devient-il mortel ? Le froid paraît agir sur le système nerveux. Les voyageurs racontent que, dans les contrées polaires, une insurmontable tendance au sommeil accable les hommes saisis par les températures très basses. Sur les rivages glacés de la Terre-de-Feu, Solander disait à ses compagnons : « Quiconque s'assied s'endort, et quiconque s'endort ne se réveille plus. » Cette tendance est si impérieuse que plusieurs de ses serviteurs y succombèrent, et que lui-même s'affaissa un moment sur la neige. On dit que, pendant l'hiver de 1709, 2,000 soldats de Charles XII périrent dans le sommeil auquel ils s'étaient abandonnés sous l'influence du froid. L'action sur les centres nerveux n'est toutefois que secondaire et consécutive à un autre phénomène étudié par M. Pouchet, et qui fournit ici le secret de la mort. Lorsque la température de l'intérieur du corps s'abaisse à 10 ou 12 degrés au-dessous de zéro, le froid congèle plus ou moins le sang, en désorganise profondément les globules, et c'est cette altération qui, soit directement, soit lorsque le sang est redevenu fluide, anéantit toutes les fonctions vitales. Larrey rapporte le cas de Sureau, pharmacien en chef de l'armée de Russie qui, profondément refroidi par une marche pénible dans la neige, ne mourut qu'au moment où on commençait à le réchauffer. Les expériences sur les animaux font voir que ceux-ci se conservent vivants tant qu'on les entretient dans un état de demi-congélation, et qu'ils meurent quand on rétablit chez eux la température et la circulation de façon à permettre aux globules, désorganisés par le froid, de se répandre dans tous les vaisseaux. La mort arrive ainsi chaque fois que la quantité de ces globules est en nombre suffisant pour provoquer une perturbation considérable dans l'économie, c'est-à-dire chaque fois que la partie gelée présente une certaine étendue. Tout animal entièrement congelé et dont par conséquent le sang figé ne renferme plus que des globules impropres à la vie est mort sans résurrection possible. En le dégelant, on n'obtient qu'un cadavre mou, flasque, décoloré, dont les yeux sont opaques. Si la congélation n'a frappé qu'un membre, celui-ci tombe en gangrène et se détruit. M. Pouchet a tiré de ces études une judicieuse conclusion pratique. S'il est vrai que, dans les cas de congélation partielle, ce sont les globules désorganisés qui, en rentrant dans la circulation et en viciant le fluide sanguin, tuent l'individu, il est clair que, plus l'invasion de ces globules sera brusque, plus la mort surviendra rapidement. Il s'ensuit qu'en s'opposant à cette invasion par des ligatures ou un dégel d'une lenteur extrême, on parviendrait à empêcher l'empoisonnement total. Les globules malades qui, en pénétrant en masse dans le cœur et dans les poumons, allaient compromettre la vie par l'altération subite du sang, s'ils sont versés peu à peu dans celui-ci, ne le troubleront apparemment que d'une façon insignifiante.

Ainsi les travaux récents de la physiologie expérimentale nous expliquent les effets du chaud et du froid considérés comme agents toxiques. Le premier est un poison de la fibre musculaire, le second en est un des globules sanguins. — Il en est de la chaleur comme des autres éléments du milieu cosmique où vit l'animal. Elle recèle les vertus les plus opposées, à l'instar de la tendre fleur, au suc à la fois salutaire et terrible, dont le frère Laurent parle dans *Roméo*. Elle peut tour à tour entretenir la santé, guérir la maladie ou commander la mort.

L'homme est donc le frêle jouet de toutes les forces sourdes qui l'entourent et l'étreignent. Il a beau les asservir, il n'échappe pas aux lois inflexibles qui subordonnent l'équilibre de la vie à celui des conditions physico-chimiques les plus inférieures. Du moins il a la consolation de connaître ces lois, et de régler son existence de façon à en atténuer le plus possible les rigueurs. Quand la nature l'écrase, elle n'en sait rien, elle s'ignore elle-même ; l'homme, si petit, est plus grand que ces grandeurs aveugles, puisque la sienne, à lui, s'appelle conscience. Le sujet que nous venons d'étudier en est une belle preuve ; mais on n'en comprendrait pas tout l'intérêt imposant, si nous ne donnions en terminant la réponse à la dernière question qu'elle suggère. Cette chaleur que les phénomènes chimiques développent dans l'économie vivante, d'où vient-elle à son tour ? Elle vient des aliments, qui en définitive sont tous tirés des plantes,[1] et celles-ci l'ont empruntée au soleil. Les végétaux dont la combustion s'opère au sein de l'animal en y dégageant une certaine somme d'énergie potentielle (chaleur) ne font que rendre à celui-là la force qui leur a été fournie par l'astre radieux. C'est donc une partie de la radiation solaire, emmagasinée d'abord par la plante, que l'animal rend disponible et utilise, soit pour lutter contre le froid, soit pour assurer le jeu régulier de ses fonctions, motrices. Le soleil est ainsi, on peut le dire rigoureusement, la source inépuisable de la vie comme il en est l'éternel ressort. A ce point de vue, la science confirme les intuitions, primordiales et les rêves poétiques de l'homme au berceau. La raison instruite par une longue expérience se trouve d'accord avec le sentiment naïf et spontané de ceux de nos ancêtres qui contemplèrent pour la première fois la splendeur du jour.

---

1 Sans doute nous mangeons de la viande, mais celle-ci vient d'animaux nourris exclusivement de substances végétales.

ISBN : 978-1977996602

www.ingramcontent.com/pod-product-compliance
Lightning Source LLC
Chambersburg PA
CBHW050255230526
45470CB00005B/2270